U0184728

奇妙 的 数学折纸

第 2 册

常文武·著

上海科学技术出版社

图书在版编目（CIP）数据

奇妙的数学折纸. 第2册 / 常文武著. -- 上海 ：上海科学技术出版社，2020.10（2024.11重印）
ISBN 978-7-5478-4984-2

Ⅰ. ①奇… Ⅱ. ①常… Ⅲ. ①数学－少儿读物 Ⅳ. ①O1-49

中国版本图书馆CIP数据核字(2020)第117718号

奇妙的数学折纸　第 2 册

常文武　著

上海世纪出版（集团）有限公司
上 海 科 学 技 术 出 版 社　出版、发行
（上海市闵行区号景路159弄A座9F–10F）
邮政编码201101　www.sstp.cn
上海中华商务联合印刷有限公司印刷
开本 787×1092　1/16　印张 5
字数 150 千字
2020 年 10 月第 1 版　2024 年 11 月第 5 次印刷
ISBN 978–7–5478–4984–2/TS·247
定价：48.00 元

本书如有缺页、错装或坏损等严重质量问题，请向工厂联系调换

奇妙的数学摺纸

谈祥柏敬题

前言

　　《奇妙的数学折纸》第 1 册出版发行近一年来，承蒙读者厚爱，笔者收到许多来自读者的热情赞誉和有益的建议。第 2 册在原有构思的基础上尝试作了两个方向的深入探索：一是向更广泛的学科领域渗透；二是在难度上也有了较大幅度的提升。

　　跨学科特性已经在数学折纸这个名词中显示出来。折纸本来是一种艺术形式，既需要巧思又需要手部的精细动作配合。因此折纸天然就是艺术与工程的结合。本册的 9 个作品则更明显地突破了单一学科的限制，深入到了包括数学科学在内的多种学科中。有几件作品可谓是集合了 STEAM（科学、技术、工程、艺术和数学）多学科的折纸。

　　得益于互联网的交互功能，纸质图书已经可以将网络视频教程整合在一起。只要扫描书中的二维码，视频教程就可以跃然手机上。第 1 册的这种做法收到很好的反响，因而促使我大胆将原来表述困难或技巧过高的作品收进本册，例如"迈克之星"。"迈克之星"是英国 2018 年 OSME7（折纸科学和数学教育国际学会会议）大会为纪念当年去世的设计者而特意推广和分享的作品。作品充满艺术的特点和数学的对称镶嵌之美。

　　除迈克之星外，与数学关系密切的还有信封莫利六面体、阳马、堑堵和抛向数学的绣球这些作品。它们的共同点就是：都有典型的数学折纸特点，或能反映出数学知识在折纸中的应用。

　　信封莫利六面体有两个状态：合上是叠加的正方形，打开是如蛇一般的活动关节。扭转活动关节最终可以变为一个正八面体。

　　阳马、堑堵是两个具有中华传统文化符号的折纸作品。连同鳖臑成为《九章算术》三剑客。堑堵盒子的设计目的是为了容纳阳马和鳖臑，同时也可以演示《九章算术·商功》。

　　抛向数学的绣球的设计灵感来自菱形三十面体玩具。2016 年数学前辈顾鸿达老师曾与笔者以绣球玩具模型为话题，谈到过立体几何折纸设计的重要意义。外加看到美国的带磁性的塑料玩具组合球令我爱不释手，于是萌生了用折纸来实现绣球的愿望。

方柱子孔明锁、吉本魔方、三明治板、双头尖陀螺多为玩具或魔术道具。本书在益智玩具的基础上，从材料科学等方面做了一番尝试。双头尖陀螺灵感来自马来西亚数学教育家张宝幼老师，在此表示感谢。吉本魔方和三明治板的设计均来自日本。前者早在20世纪70年代已经由吉本设计出同款玩具，后者则被日本东京大学的 *K Suto* 等的科技文献所记述。通过这些作品，笔者希望读者能领略到折纸的奇妙不止于数学，更在于它们融合了多门学科。

陶行知先生将"知行合一"的理想倾注于自己的名字之中，这给了我很大的启发。通过制作折纸作品，可以更好地理解和掌握科学文化知识就是从知到行的过程。

感谢读者持续不断地支持与鼓励，也恳请广大的折纸爱好者们对本书提出更多的合理化建议。

2020 年 5 月 15 日

目 录

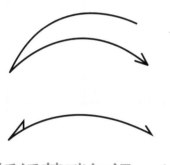

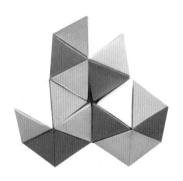

折纸基础知识

第 1 册已经介绍过一部分基础知识，进一步了解和掌握折纸知识，对折出精美的作品有很大的益处。

首先，我们的材料是纸。纸虽然普通，但也很有讲究。厚薄、纤维的方向、色彩、尺寸等不一而足。

其次，折纸还有工具的要求。除了双手，有时还要使用些小工具。剪刀、美工刀、切割垫板、钢尺。此外还可能需要刮刀、小镊子、割圆器之类的专用工具。

再次，我们还需要了解些折纸术语和基本的动作指引符号，如谷折、山折、沉折等。

就以上话题，在此一一介绍。

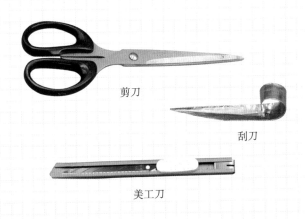

剪刀

刮刀

美工刀

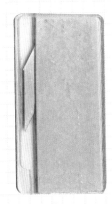

裁纸刀

钢尺

部分折纸工具

纸材料特性

● 纸张的起源

纸最早是由东汉时期蔡伦发明的。当时是用麻和布捣碎了造纸。现在造纸工业的材料则多为木浆或旧纸再化的纸浆。造纸的基本工艺流程：各种纤维经过溶解、掺入胶合剂、平面铺开、挤压去水分、烘干最后得到纸。

● 纸张的性质

纸浆纤维在平面上铺开的过程会有一定的方向，导致在成型的纸张上形成纹路。纸张顺着纹路就容易撕开，逆着纹路就不容易撕开。

纤维的长度会因为回收再生后重新打浆而变短。所以再生纸不宜做折纸材料。一般初次木浆纸纤维最长，纸比较耐撕，适合在折纸中制作成可动的结构。

纸浆的厚度决定了纸的厚度。厚度达到 0.25mm 的一般就称为卡纸。厚度决定了折叠时感觉是硬还是软，也决定了折成的作品是否会有明显的误差。纸越厚越要预留误差调节的量。以下是厚度与克重的对应表：

克重（g/m^2）	80	140	180	230	300	350	400
厚度（mm）	0.11	0.19	0.25	0.35	0.40	0.46	0.52

● 纸张的覆膜工艺

给纸覆膜可以保护色彩、防止掉色。 也有保温、美化等其他用途。常用的覆膜材料有覆盖塑料涂层和覆盖金属薄膜涂层。覆盖塑料薄膜多见于包装材料，如餐盒、牛奶盒。覆膜为金属材料的有铝箔和金箔等。

● 纸张常用尺寸

纸的尺寸有很多。方形折纸用纸多为 150 mm×150 mm。长方形的多见 A4 纸，即 210 mm×297 mm 的尺寸。除此之外，B5 纸、A3 纸和 B4 纸也常见。C 类纸多见于信封系列。16 张 A4 纸面积为 1 m^2。16 张 B4 纸为 1.414 2 m^2。

要检验一张长方形的纸是否标准，只需要两边分别对折看是否上下两层严格重合。

要检验一张正方形的纸是否标准，需要先两边分别对折后看是否上下两层严格重合，然后检查对角对合折叠后邻边是否重叠。

要将不合规格的长方形修正为长方形，最好先修正一组对边使其平行，然后修正其余两边中的一边，使其垂直于平行的一组对边，最后修正第四边，使其平行于它所对的边。

要将长方形变为正方形，只需折叠一个角的角分线，沿折起的角将重叠区域裁下，打开就是正方形。

辅助折纸工具

刮刀

刮刀是折纸时用来压线的工具。刮刀通常可以用钢尺来代替，但是如果自制一把刮刀更好用。套在手指上随时可以压线。制作需要的工具有锉刀、小锤和手钳。材料为直径 1cm 的细不锈钢管一截。

刮刀的设计和加工步骤如下：

① 将一根直径 1cm，厚度 0.3mm，长 11cm 钢管压平成双层长方形。

② 在一端切割出一个刀刃，刀口长约 6cm。在刀刃中心线上折出一个 120° 的凹槽。

③ 在另一端弯出一个直径 2cm 的圆环。

刮刀

•割圆器

制作步骤如下：

1. 从 30° 壁纸美工刀上扳下两节刀刃，长度是最窄的 1 小格（见下图 1）。

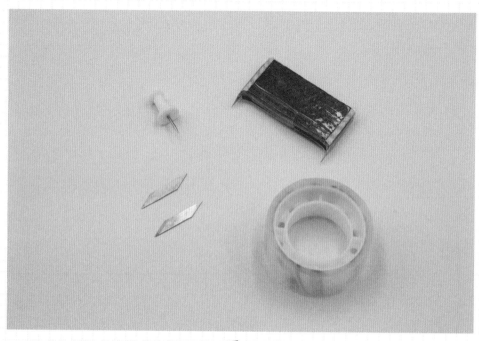

图 1

2. 用透明胶带将刀刃一正一倒地绑扎在一小块宽度厚度适中的木片两侧（见下图 2）。

3. 刀刃倒置的一侧顶部扎入一个大头针，一个简易的割圆器就做好了（见下图 3）。

图 2

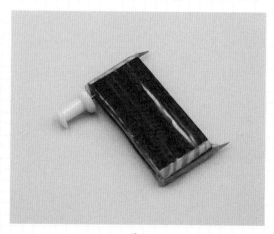

图 3

可以用自制割圆器方便地割出固定半径的圆。

使用前，在桌面上垫一块切割垫板，将有大头针一端的脚刺入纸面固定，保持另一端轻触纸面，用另一只手拉扯纸面旋转送纸，操作时注意保护手部（见下图 4 ）。

图 4

割圆器的自制涉及到刀片等尖锐物品，不建议未成年人制作。购买的割圆器安全方便更适合青少年使用（见下图 5 ）。

图 5

折纸图示与等分基本折法

- **粗的实线**

  表示纸的边界。

- **细的实线**

  表示已有的折痕，不代表山折或谷折。

- **虚线**

  表示谷折。

- **点划线**

  表示山折。

- **点线**

  表示透视的效果。

- **单侧箭头或 V 形箭头**

  表示谷折时的折叠方向。

- **空的单边三角箭头**
  表示山折的方向。

- **折返箭头或双向箭头**
  表示折叠后打开。

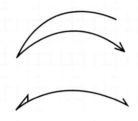

- **空心箭头**
  表示塞入、拉出或吹气膨胀。

- **实心镖形箭头**
  表示塞入。

- **带圈箭头**
  表示翻转纸面。

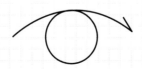

追尾环箭头

表示旋转作品，90° 表示旋转 90 度，有时标记为 1/4，意即旋转四分之一圆周。

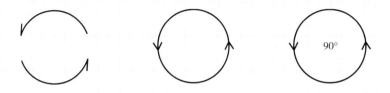

重复箭头

箭头上所带交叉短线的数量表示重复的次数。

等分线段

分段的线段表示对该线段等分折叠。分段的段数表示等分的数量。下图表示为三等分。

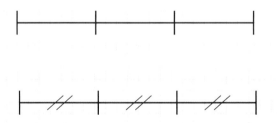

等分角

表示对角进行等分，弧段的数量表示等分角的数量。下图表示为对该角二等分。

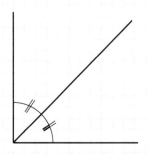

三等分正方形一边的方贺定理。

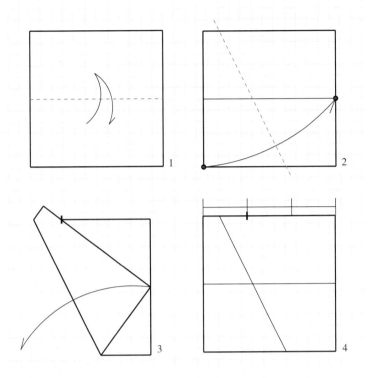

五等分正方形一边的方法。

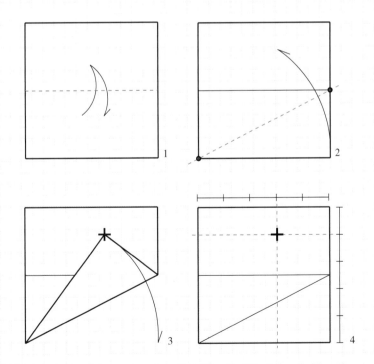

信封莫利
六面体

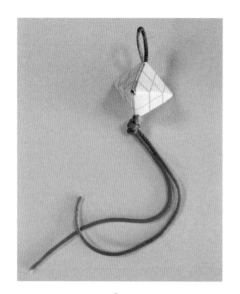

图 1

图 2

汉乐府古诗《孔雀东南飞》中有"红罗复斗帐，四角垂香囊"的词句。其中"香囊"的外观在西方被称为"莫利六面体"[见托马斯·胡尔（Thomas Hull）著《折纸的奥秘》一书中的第 14 个活动的莫利卡恩六面体（Molly Kahn's Hexahedron）]，我国有在端午节为儿童佩挂香囊，以驱虫辟邪保佑儿童安康的风俗。香囊通常用五色丝线缠绕而成，内放各种香料（图 1）。

信封是我们日常生活中常见的一种纸质用品，今天要用不同于 Thomas Hull 的方法重构莫利六面体，并且把它制作成一款有趣的玩具（图 2）。听起来很新鲜吧！

首先我们来认识信封的结构。信封一般是长方形，一端封闭，一端开口。开口的一端有的在上方（信封的长边），有的在右侧（信封的短边）。制作本文这个作品的信封是第二种样式。

那么需要几枚信封呢？如果要完成最终的莫利六面体变形金刚玩具，就需要 8 枚这样的信封。不过如果仅仅制作一个莫利六面体，那么就只要一枚信封就够了。

折纸教程

• **材料与工具**

剪刀、直尺、色笔、信封。

• 折纸步骤

单一莫利六面体

用一枚信封制作单一莫利六面体方法如下。

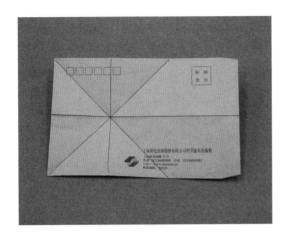

1 取一枚信封按照上图的样式折出折痕。注意每道折痕要向前向后折叠两次。

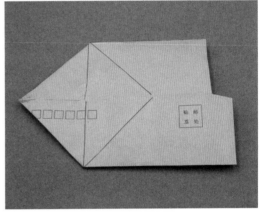

2 从信封的开口部分撑开，同时按压"米"字的上下两端，将整个结构重新能够压平成平面。

3 继续制作一个新的"米"字折痕，如步骤 1 中的折叠方法。

注意，其实新的米字只是需要延长上一个米字的两边，再加上竖直的一道折痕。因此是比较省力的一步。记住还是要制作双向折痕。

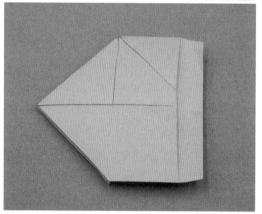

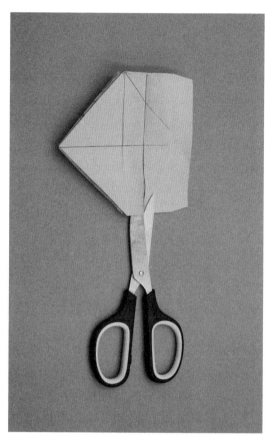

4 从开口端撑开信封，然后在新"米"字的竖向折痕上下按压。

5 如上图，修去部分多余的信封，留下距离对角线折痕 2cm 的边。

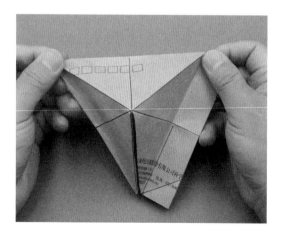

6 牵拉上面的两层尖端，使得作品膨胀成六面体。

7 塞入边上多余的纸，使得表面光洁，一个莫利六面体完成。

观察这个莫利六面体的纸结构，我们很容易发现它其实就是端午节香囊的模样。它有 4 个对称面和 1 个 120° 旋转对称的中心轴。有趣的是，它还可以压平成平面的正方形。

8 个连体的莫利六面体

照以下步骤可将 8 个单一的莫利六面体连接起来。

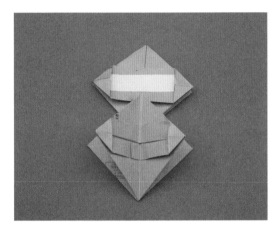

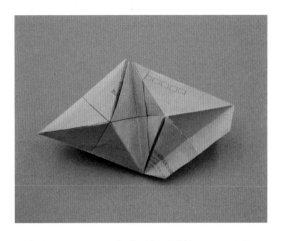

1 操作过程：①将一个莫利六面体压平，在开口端缝隙处粘上双面胶条并撕去保护膜。②将第二个莫利六面体压平状态的底部相对于开放端的两角分别插入胶面两端的三角口袋中。③压平压实。

2 打开上下两个莫利六面体，看看是否仍然能收放自如。继续接龙，直到第 8 个莫利六面体连接成功。

单一莫利六面体的制作

连体莫利六面体的制作

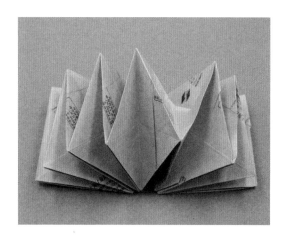

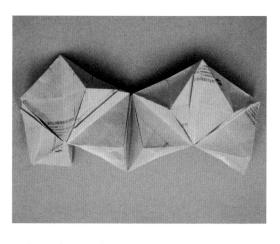

3 8个信封的连体莫利六面体压平效果。

4 照此拉开像一座金拱门"M"。

莫利球的制作

5 适当调整后，金拱门巧变八角球（也叫莫利球）。

　　最后这个效果是正八面体的星体，由于莫利六面体上面有 90° 的二面角，才能如此密切地拼出八角球。8 个连体莫利六面体可变换出不同形状，是不是有点像变魔术？神奇多变的连体莫利六面体让我们玩得很开心！

从以上折叠过程可见，六面体具有拼组契合性。也就是它适合彼此互相拼接成更大的多面体。那么就自然形成一个问题：为何这个六面体有如此巧妙的拼组契合性呢？

其实，这是因为它的 6 个面彼此之间有特殊的二面角。确切而言，有 6 个是直角二面角。

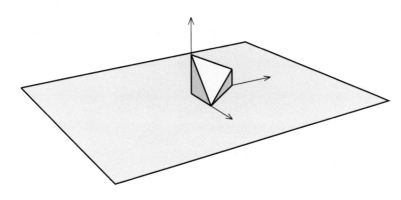

如上图，当我们把 1 个莫利六面体放入三维的直角坐标系，就可看出它其实是 3 个维度的单位向量张成的四面体再沿着等边三角形的底面作镜面反射得到的。回顾折叠的过程，不难发现折法步骤已经保证产生许多等腰直角三角形，因此最终的多面体有如此特性就不足为奇了。

接下来，我们自然会好奇，如果设 3 条两两垂直的棱为 1，那么这个莫利六面体的 2 个直角三面角顶点之距为几何呢？

这个问题就需要一些计算的功夫了。不过，即使计算也有一个巧方法。读者不妨先思考一下。

原来这个值可以间接利用体积来算。也就是通过算两次体积的方法来解方程得出。

首先，这个距离的一半就是某个正三棱锥的高。三棱锥的底面是边长为 $\sqrt{2}$ 的等边三角形，而三条侧棱都是 1。那么底面面积等于 $\frac{1}{2}\sqrt{2} \cdot \sqrt{2} \sin 60° = \frac{\sqrt{3}}{2}$。它乘以高 h 除以 3 就是体积。可是这个三棱锥侧放的时候，底面成了边长为 1、1、$\sqrt{2}$ 的等腰直角三角形，高正好就是 1。所以它的体积就是 $\frac{1}{2} \times 1 \times 1 \times \sin 90° \times \frac{1}{3} = \frac{1}{6}$。于是 $\frac{\sqrt{3}}{6}$ h $= \frac{1}{6}$，h$= \frac{\sqrt{3}}{3}$。而所求为 2h$= \frac{2\sqrt{3}}{3}$。

迈克之星

美国折纸家迈克·肯尼迪（Mark Kennedy，2018 年去世）设计的折纸作品"迈克之星"是一个非常精致的作品，符合严格意义上的数学折纸。本文希望通过介绍此作品启发读者了解数学折纸的精妙。

迈克之星

折纸教程

● 材料与工具

15cm×15cm 色纸一张。

• 折纸步骤一：制作基本形

　　迈克之星的基本形如下左图，先来折制这个基本形。

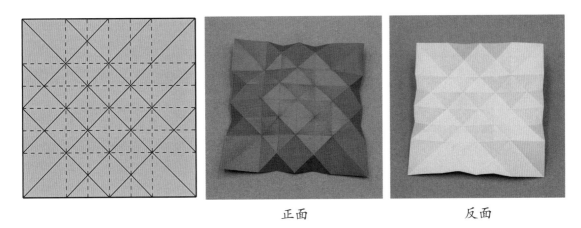

正面　　　　　　　　　反面

1 根据上左图的示意打格线（实线为峰线，虚线为谷线），实际效果图见上右图。

　　注一，制作这些网格折痕的次序是：

　　1. 正面（如果有光泽面或彩色面）朝上，先纵横对折打出 2×2 的方格线（谷线）。接着细化田字网格线为 4×4 的网格（谷线）。最后进一步把两个方向中间的两份细化为四等分，边缘对齐对边附件第一道平行折痕折叠（见下步骤图）。

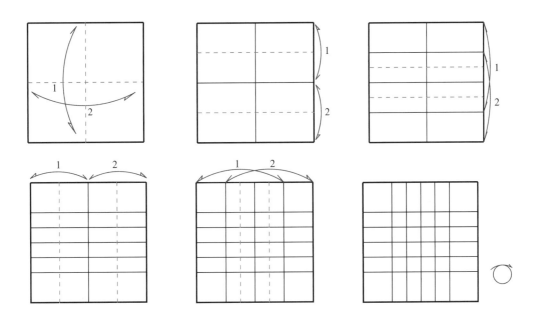

2. 翻面，折出折两道对角线。接着将四角向中心点对折。最后依次将四角对齐对角附近的米字交叉点折叠（见下步骤图）。

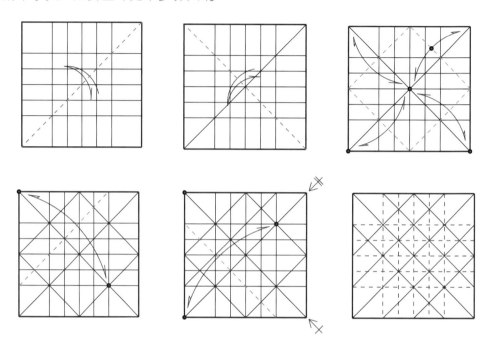

注二，如果想精确折出这些折痕，可以先打印或用笔划线。在制作折痕时可以用压线板来压实每一条线。

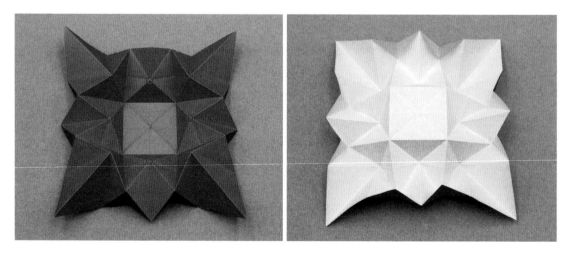

2 色面朝上将四边中点挤压使其附近结构（见上左图中的 4 个点）收缩隆起，同时保持中心正方形凹陷。

3 继续收小使得底部形成 4 个小正方形的结构和 4 对立着的"翅膀"。

4 将立着的 4 对"翅膀"抚平成 4 个小正方形，完成基本型。

折纸步骤二：制作迈克之星

在基本形完成后，迈克之星就非常容易实现了。

5 从基本形正面中心向 4 个小方块放射状折出 8 条 22.5° 线。

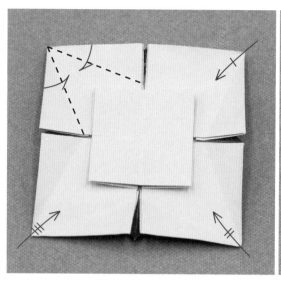 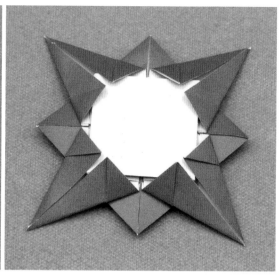

6 翻面，将 4 个角如上步一样折出 8 条 22.5° 线。

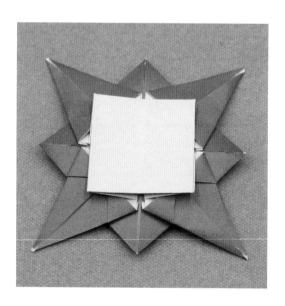

迈克之星的制作

7 藏角。将上步折起的 8 个角藏到正方形底下（完成后如上图）。

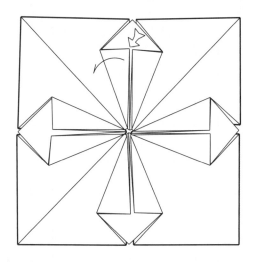
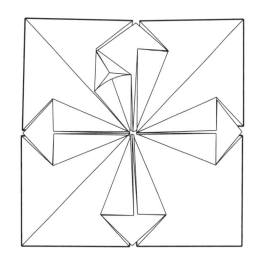

8 翻面，开压折每个角，完成。

> 注：左图中，用右手的中指在纸面下方向上顶，左手的刮刀向下压，同时右手拇指顶住尖角使其不裂开，便可形成一个立体的花瓣。

可以制作一枚真正适合佩戴的勋章，也就是要将作品做得精美而小巧。

1. 建议用尺寸是 6cm 见方的纸来折。

2. 材质最好是镀铝的铝箔纸复合材料，这样折出的迈克之星更加美观，有金属的光泽。

3. 佩戴前，在背面黏上一小片双面胶，这样就可以与衣服黏合。或用别针，先将别针的一侧用胶条固定在作品背后，再用别针与衣服相连。

可佩戴勋章的正反面

数学内涵探究

迈克之星在折叠过程中形成了许许多多的双三角或双正方形。作品的大小比原纸的大小显著缩小了。那么可以探究一下，形成的凹凸有致的 16 边形作品其面积是原正方形纸面积的百分之多少？

如果粗略估计，测量可得6cm见方的纸折叠后的勋章的凸包是个3cm见方的正方形，所以这个所求的百分比超不过25%。

细致的计算如下。

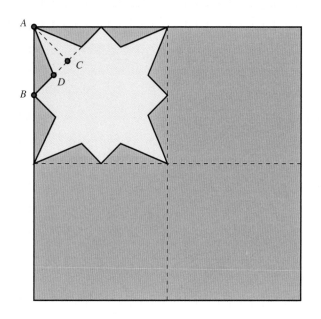

在上图中，灰色区域即为作品的大小，大正方形为材料的大小。显而易见它可以看作是一个正方形的四边上"长"了4个等腰三角形。正方形很好计算，是左上角正方形的一半，总面积的 $\frac{1}{8}$。

对每个"长"出的角而言，从上图中可以看出 $BD:DC=\sqrt{2}:1$，所以 $\triangle ADC$ 面积是所在等腰直角三角形 $\triangle ABC$ 面积的 $\sqrt{2}-1$。总共"长"4个角，占了左上正方形的 $\frac{\sqrt{2}-1}{2}$，占总面积的 $\frac{\sqrt{2}-1}{8}$。

综上可得，作品对纸的利用率为 $\frac{\sqrt{2}}{8}$，约为 17.7%。

6根方柱子形的木棍，当中挖去一些木头使其形成凹凸榫卯，彼此互相并拢或垂直卡扣，最终牢牢地锁在一起，很难打开。这就是被称为孔明锁的玩具，也叫鲁班锁。当然，发明它的人到底是否和鲁班或孔明相关就不得而知了。

我们可以用6张纸片通过剪折纸的办法来模拟这个结构（如下图），形成的结构同样可以牢牢地自锁。

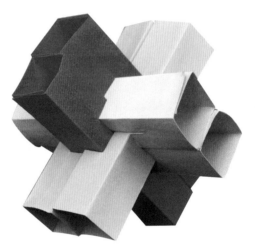

方柱子孔明锁

折纸教程

● 材料与工具

美工刀，切割垫，尺子，一张120克卡纸，双面胶带。

• 折纸步骤

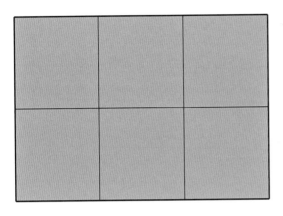

1 将 120 克卡纸如上图裁成 6 张近似的正方形。

注：① 对于 A4 影印纸不熟悉的读者可能误以为这是 6 个正方形，其实 A4 的长宽尺寸是 297mm×210mm，所以不难算出每块近似的正方形实际是 99mm×105mm 的长方形。

② 如果要裁切得精确，最好就用带方格的切割垫和钢尺、美工刀按以上数据尺寸来切割。

③ 接下来对于 6 张小纸片的操作都是一样的。

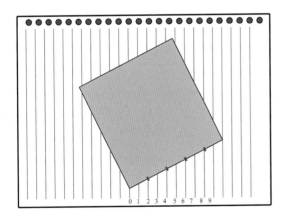

2 利用网格线纸来帮忙，将一张小纸片沿着较短边（99mm 边）的方向 5 等分。

注：先在左图中把要 5 等分的一边斜着放置在网格线本上，让一端刚好碰到 0 刻度线上，另一端慢慢移到 10 刻度线。再标记 2、4、6、8 刻度线与边缘交点。然后换用其他颜色笔标记刻度线 3 和 7 所在位置。换边做同样的事，标注对边的相应 6 点。最后把对应点一一连起来形成 6 条平行线。

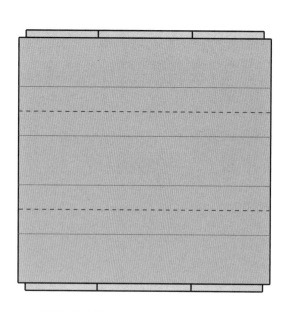

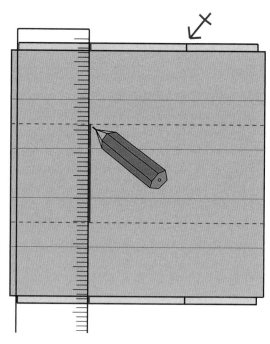

3 另外再制作一片这样的纸，然后将两片纸互相垂直叠放，使得 4 个角露出同样大小的豁口。

4 用尺子分别比着下面一层纸的 3、7 刻度红线位置，标出与两条 3、7 刻度线交叉的 4 点位置。然后将下层纸移除，用美工刀划开标注点之间的两条平行线。

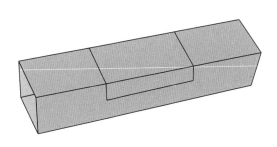

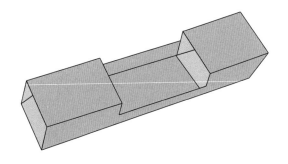

5 将纸片围拢成一个四棱柱，利用双面胶固定两边重叠的区域。

6 按压中间部分，使两道切开的缝隙之间的纸塌陷至底部，并与四棱柱侧壁贴合，需要同时制作出两道折痕。

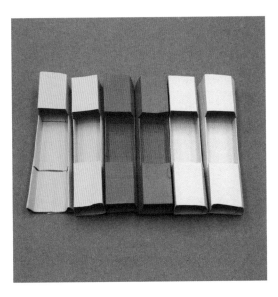

方柱子孔明锁制作

方柱子孔明锁的组装

7 再做 5 根相同的柱子，进入组装阶段。

组装

组装分 6 个细微步骤，请遵循以下各步骤操作。

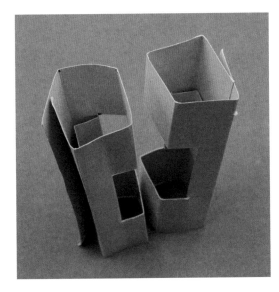

1 取两根相对而立，开口对开口，中间形成一个长方形洞眼。

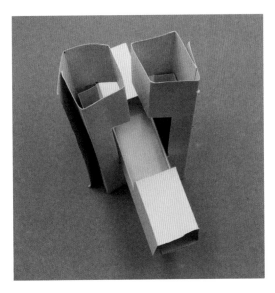

2 将第三根开口朝上架在洞眼底部，要两边露出的部分等长。

3 垂直于横梁，在横梁朝上的露出的缺口中分别侧放两根柱子，合抱立着的两根方柱子。

4 将仅剩的一根柱子的一端也像中段那样压入形成一个像铲子的槽。

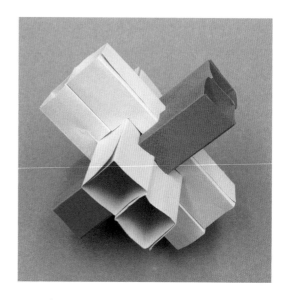

5 将槽的开口向下，从上方的扁孔贯穿插入结构中。

6 将最后插入的铲形槽内陷的纸再拉开来，恢复原样，完成。

注：进一步美化的方法

如果想让作品显得更考究点的话，方柱子的两端可以像上图那样收口，更像是柱子，也更加结实牢固。

数学内涵探究

● 思考题

在上图的结构中，如果每根柱子的长度为 6.5cm，截面正方形边长以 2cm 计算，那么这个结构的体积为多少？

● 解法 1

这个结构所占据的体积并不等于六根柱子的体积，因为在中间有一个棱长 2cm 的小正方体不隶属于任何一根柱子。于是总体积应当为：

$$V=6（2 \times 2 \times 6.5-2 \times 4 \times 1）+8=116（cm^3）$$

● **解法 2**

大家记得集合理论中的韦恩图公式吗?

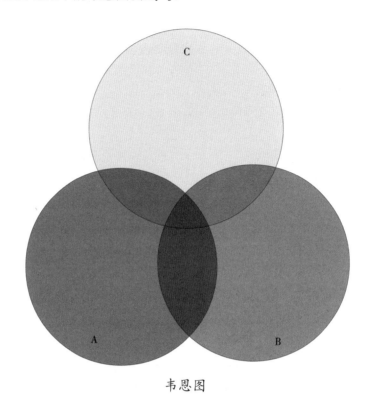

韦恩图

如果想知道 3 个圆圈占据的总面积,可以先分别相加,然后减去两两相交的部分,最后再加上 3 个圆的公共部分。

这个办法也可以用来求体积。

类比上图中的 A、B、C,将所求问题视为求 3 个方向相互贯穿的长方体的总体积。每个长方体的长宽高为 6.5cm、4cm、2cm。

于是总体积就是:

$V=6.5\times4\times2+6.5\times4\times2+6.5\times4\times2-2\times4\times2-2\times4\times2-2\times4\times2+2\times2\times2$

$=156-48+8$

$=116(cm^3)$

阳 马

公元 1 世纪的中国出了一部名为《九章算术》的书，其中就提到了"阳马之形，方锥一隅"。意思就是说阳马的形状就像一个占据房中一个角落的四棱锥。此四棱锥有一个长方形的底面和一条垂直于底面的侧棱。

阳马的一个特殊情形即底部为正方形的情况。3 个阳马刚好拼出一个正方体。经过日本当代折纸家前川淳巧思演绎，对这种阳马找出一种折纸方法。这便是本文的重点。

之所以在此重复前川淳先生这种折法，因其《折纸几何学》一书中只用了很少的篇幅简略介绍了阳马的折痕图。本文则会详尽介绍阳马折叠的步骤和需注意的细节。

阳马

折纸教程

• **材料与工具**

一张 80 克 A4 纸。

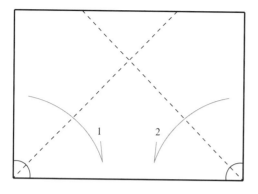

1 横着摆放纸面，将左上、右上角分别折叠至底边。

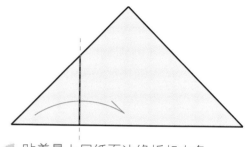

2 贴着最上层纸面边缘折起左角。

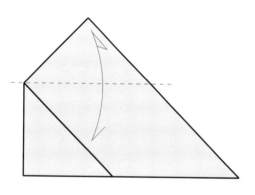

3 将顶角对齐前步折起角的边缘折叠后打开。

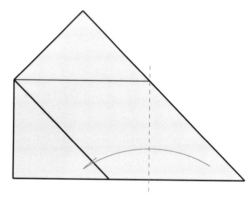

4 过上步折痕与纸面右边的交点将右下角折到底边上。完成后打开全部纸。

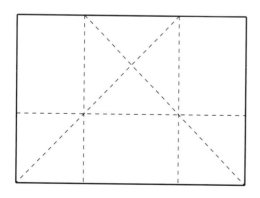

5 改变现有所有折痕为谷线。

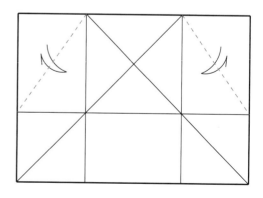

6 折叠左上角长方形的副对角线，右上角长方形的主对角线，产生折痕后打开。

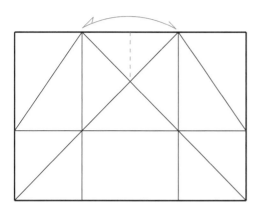

7 反向折叠产生竖直中轴线至折痕交
叉点。

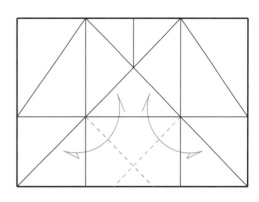

8 过三线重叠的两点分别折叠所在斜向
折痕的垂线。

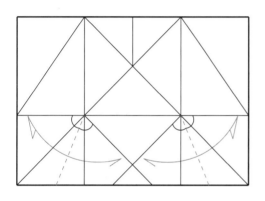

9 分别反向折叠如上图所示的两条角
分线。

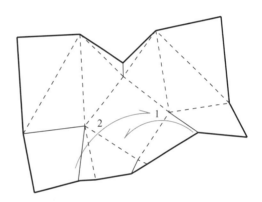

10 按次序折出底座内部交叉叠合的
梯形。

11 内折右边三角同时将顶部 V 形凹陷藏入其下。

阳马的制作

阳马如何玩

12 将左边三角形插入中缝内，整理平整，完成。

如 何 玩

如果我们有 3 个一模一样的阳马，它们是刚好能拼得一个正方体的。就像垒积木一般。试试看，你能做到吗？

思路分析：解决这个问题的关键是找到拼合的面。既然题目要求拼正方体，那么就要找到正方体的 8 个顶点或 6 个正方形的面，同时还要记得正方体是所有的二面角为直角。当确保阳马的直角二面角向外，大于 90° 角的二面角藏于内部，拼法就浮出水面了。

答案如下页图。

正方体

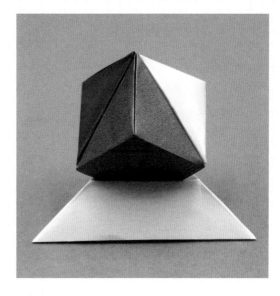

带底座的造型

● **底座步骤：**

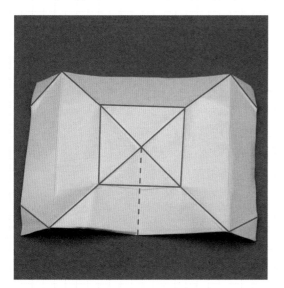

1 折出折痕：
① 折过中心的两条 45°斜线；
② 折出两条竖线和中心以下半条竖线；
③ 折出中心"口"字。
　　注："口"字四角过四等分点。

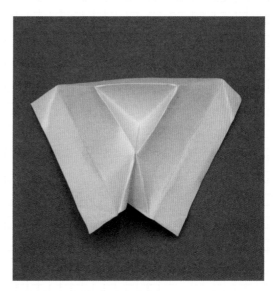

2 在下方中点内沉折叠。

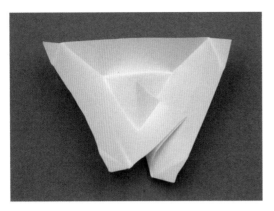

3 背后情形。

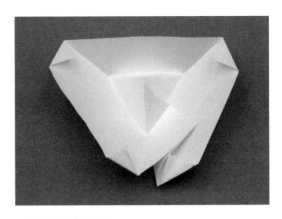

4 利用边自锁。

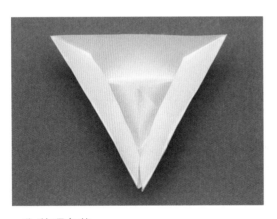

5 整理角落。

6 完成。

数学内涵探究

　　阳马是古代数学家为了探索棱锥体体积而提出的概念。众所周知，长方体的体积是容易求得的，它等于长宽高的乘积。然而，棱锥体的体积就不容易求得了。现在有了 3 个阳马拼合一个正方体的事实依据，立刻就知道该棱锥体的体积该是正方体体积的三分之一！其实任意棱锥体的体积计算公式可以通过"祖暅原理"推得：V=(底面积 × 高)÷3。

堑 堵

这题目所用的奇怪名称来自《九章算术》。该书第五章"商功"中有"邪解立方,得二堑堵"的句子,意思就是说沿着对角面切开长方体可以得到两个三棱锥。这样的三棱锥就是叫堑堵的东西(如图1)。大概在古代的水利工程中用这种结构置于沟堑中作为堤坝,可以挡住洪水吧!

制作堑堵最快最方便的方法当属纸模的办法,通过在适当地方剪口来帮助锁住。这一方法是笔者在《动手动脑玩转数学》一书中所用的方法。读者可以打印图2所示的模板,沿着印痕折出折痕并剪开红线,顺次折叠组装各个区域就可以轻松完成了。

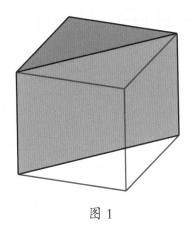

图 1

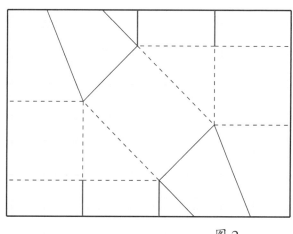
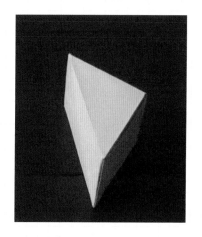

图 2

不过本文要重点介绍一款堑堵盒子,同属于笔者自创。设计成盒子是为了便于将一个阳马和一个鳖臑填满其中。其展开图如图3。

下面介绍制作堑堵盒的详尽方法。

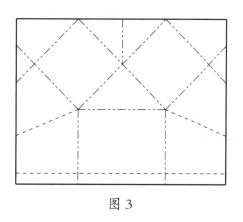

图 3

材料与工具

一张 80 克 A4 纸，一把裁纸刀。

折纸步骤：

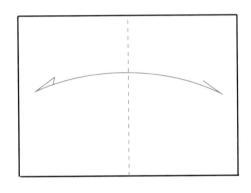

1 对折短边，打开。

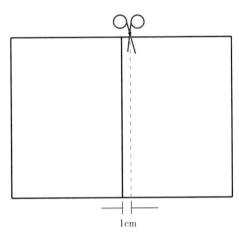

1cm

2 偏离折痕 1cm 裁切，留轮大的一片继续后续操作。

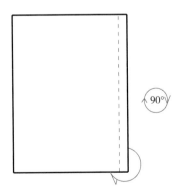

90°

3 向后折起折痕边，纸面顺时针旋转 90°。

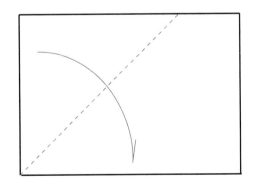

4 折起左上角到下边。

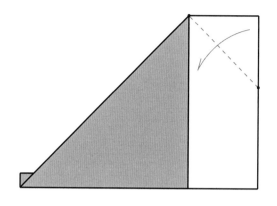

5 将右上角对齐纸的边缘折叠形成
45°角。

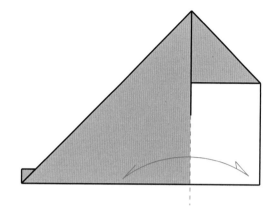

6 将纸的右边折叠至左边，形成下半
部分折痕后打开。

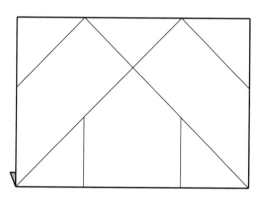

7 重复4~6的步骤在纸的右上角
处，完成后打开。

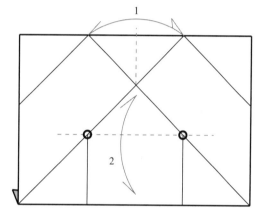

8 向后对折产生一小段中轴线。过两交
点折出折痕后打开。

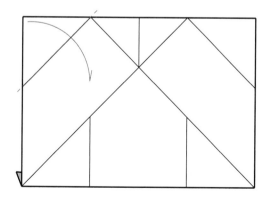

9 再次将左上角折起来。

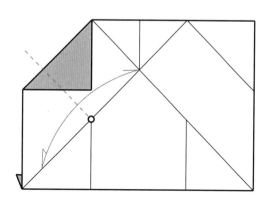

10 过点作垂线，打开。

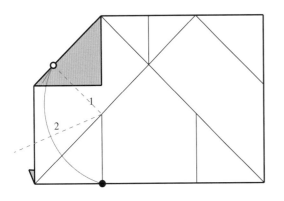

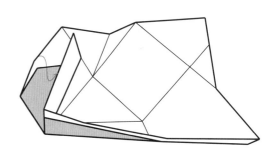

11 将纸面左侧再现 1 折痕,同时将黑点折向白点,用手指伸入纸面抵着桌面压出折痕线 2。

12 将外侧的边插入步骤 3 形成的折边内,锁住。

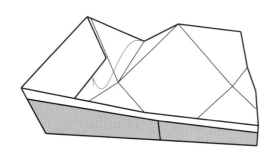

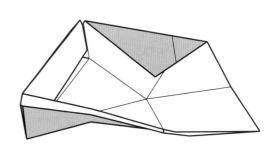

13 将上方凹陷处折叠藏入内侧的双层折边内,锁住。

14 对纸的右上角重复 11~12 步骤。

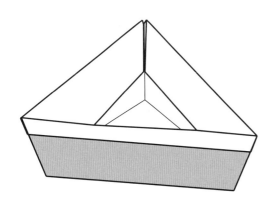

堑堵的制作

15 一个堑堵盒完成了。

　　正如前文所述，这个堑堵盒子是为了容纳阳马和鳖臑而设计的。因此我们可以来玩一个体积游戏。这就需要另外制作一个与堑堵尺寸相符的阳马和一个鳖臑。

　　那么怎样的尺寸才适合呢？

　　首先，堑堵盒子表面的纸是 A4 纸的一半，而纸有厚度，制作阳马的纸可参考将 A4 纸的一半（A5）纸再略作缩小。

　　其次，建议从制作堑堵盒的剩余纸来取材而无须另外准备。将其长边修去 1.4 cm 的边刚好可用。

　　制作鳖臑的纸呢？经过测算，采用 8.1 cm × 17.2 cm 为最佳。鳖臑的教程见本丛书第一册。

　　完成后的玩法有两种。

堑堵的玩法

• 玩法 1

　　基础玩法：先将鳖臑放入堑堵盒，再将阳马放入。

• 玩法 2

　　进阶玩法：先放入阳马，再放入鳖臑。

　　解题提示：选择等腰直角三角形的面，将其置于盒底。对于玩法 2 会有歧路需要避免。当阳马放置错误会导致鳖臑无法塞入。此时需要将阳马取出，换一面等腰三角形置底。

从本案的制作和摆弄可以发现中国古代的《九章算术》一书所载下文的内涵。

"邪解立方得二堑堵。邪解堑堵，其一为阳马其一为鳖臑。阳马居二，鳖臑居一，不易之率也。"

解释一下上文：如果拿一个长方体（本案中是正方体）斜着切开，得到的是两个堑堵。再斜着切开一个堑堵，得到的一个阳马和一个鳖臑。阳马占据两份体积，鳖臑占据一份体积。两者体积比不因长方体的尺寸改变而变化。

下面请读者思考一道数学题。如下图，本章一开始图2中的长方形并不固定，如果要求折边宽度 HD 就是 FE，那么这样的长方形具有怎样的形状比？

解答如下：

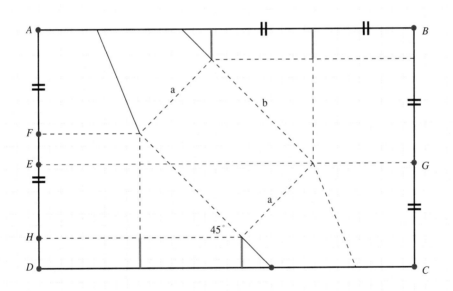

如上图，观察发现 $AB=3a+a/\sqrt{2}$，$AD=AF+FH+ED-EH=3a-a/\sqrt{2}$。故 $AB:AD=\dfrac{19+6\sqrt{2}}{17}\approx1.62$。这是非常接近黄金比的一个数值！

吉本魔方

吉本魔方（Yoshimoto Cube）原本只是一款类似变形金刚的塑料玩具。该玩具有 3 款，由日本玩具设计者吉本在 1971 年开发。本文介绍其中一款的折纸版本，折制方法是笔者自行研究出来的。

这款吉本魔方其实是 12 个连续的相同四面体构成的环，每个四面体是半个鳖臑，如下图右上。展开的折痕图如下图左上，可见有鳖臑折痕图的影子。

这个玩具的玩法千变万化，下图左下与右下显示它的两个稳定状态。吉本魔方有填充空间的特征，因此它有很多的稳定状态。其他多种玩法会在制作完成后"怎么玩"版块中讲解。

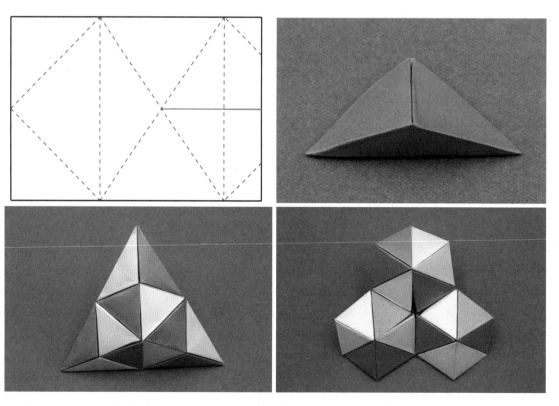

吉本魔方

材料与工具

4 张两种颜色彩色 A4 卡纸（80 克以上）、剪刀、胶带。

折纸步骤

1 将一张 A4 纸对裁为两张 A5 纸，再进一步将两张 A5 纸对裁为 4 张 A6 纸。

2 重复第一步两次，得到总共 12 张 A6 纸（10.5mm×14.85mm）。

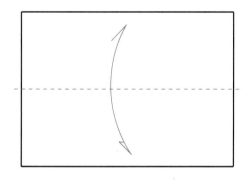

3 将一张 A6 纸横着摆放，上下对折产生中线后打开。

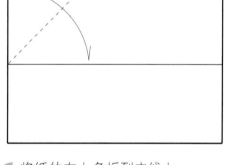

4 将纸的左上角折到中线上。

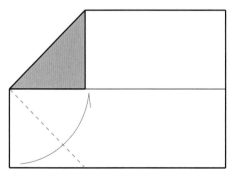

5 将纸的左下角折到中线上。

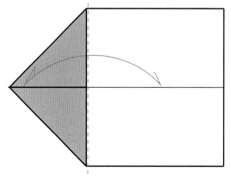

6 沿着已折起角的公共边折叠，产生折痕后打开。

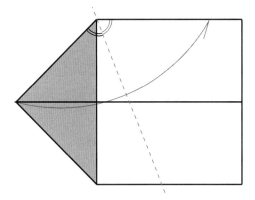

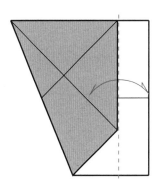

7 将折痕边折叠到上边即角分线折法，如上图所示（注：此线不必折清晰）。

8 沿着上面的部分的右边折叠下面纸产生折痕。打开纸面至完全展开。

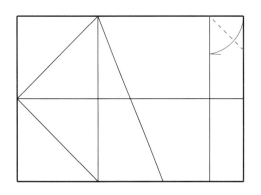

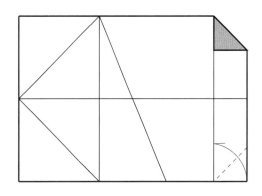

9 将右上角折叠到步骤 8 的竖向折痕。

10 将右下角折叠到步骤 8 的竖向折痕。

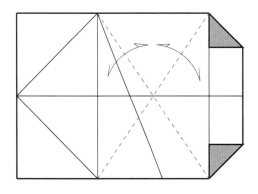

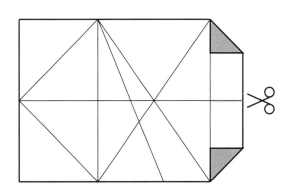

11 折叠中间长方形的两条对角线（注：可利用直尺比着拿圆珠笔先划再折，更容易折精确）。

12 沿着折痕剪开一小段（至折痕交叉点）。

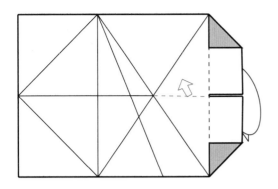

13 沿着虚线向后反向折叠，形成立体三面角结构。

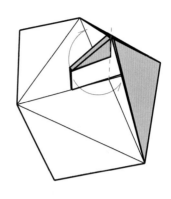

14 将剪开的两扇纸片像关门一样折向两边。

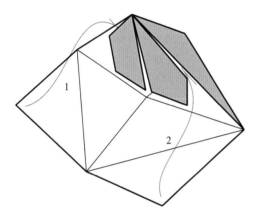

15 依次收起摊开的两角，塞入缝隙，整理平整。

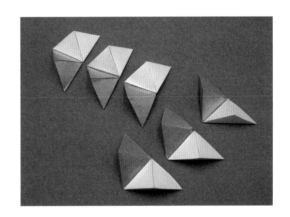

16 按照步骤 3~15 再折 11 个零件，最好能有两色。

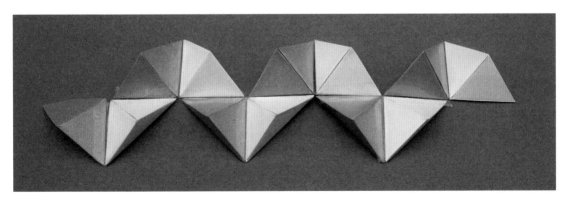

17 如上图所示黏合这 12 个零件成为一个完整的长串，然后头尾黏合成环。

吉本魔方的制作

注：①要将每个零件的等腰直角三角形面贴合于桌面摆放，然后黏合相邻零件的直角边。

②还须注意确保黏合边并拢，上下端点对齐。

③最好黏合处的上下各贴一片胶带。

18 完成，如上图。

怎 么 玩

吉本魔方玩法有单个玩法和组合玩法两类。

先说单个魔方的玩法。这需要我们对环的连接特点有所认识。类似翻转四面体旋转环（Kaleidocycle），这个环也可进行完整的内外翻转。不同的是它的翻转不能允许它整体同步完成，只能进行局部扭动，导致操作起来并不非常灵活自如。

玩法 1

实现吉本魔方的最小收缩状态——正方体。

完成正方体的要诀是，逐一调整环上零件，以确保 12 个等腰直角三角形面都转到外侧，收拢两端 45° 角至汇聚到正方体的一组对顶点，即告完成。

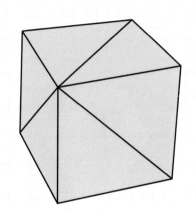

• 玩法 2

实现菱形十二面体，成为类似球体形状。

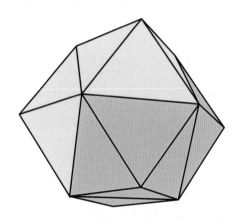

菱形十二面体是一种特殊的多面体，可以视为正方体每个面向其心上方支起来一个正四棱锥帐篷得到的立体结构。帐篷的高度正好是面心与正方体中心距离，或者说是半棱长。

完成此造型的要诀是，先通过逐一扭转零件，使 24 个锐角等腰三角形朝向环的外侧。然后贴合每对相邻的钝角三角形，保持内部空心完成闭合效果。

• 玩法 3

组合玩法是用同一尺寸的多个吉本魔方来组合的过程。

组合玩法有两种，其一是将一个魔方实现正方体造型，另一个魔方完成菱形十二面体造型。然后，将正方体藏入菱形十二面体内部。

其二是将一个魔方完成菱形十二面体造型，另一个魔方实现空心六芒星造型。然后将菱形十二面体球植入空心六芒星的洞内。

数学内涵探索

在这里我们想问读者一个问题：菱形十二面体球的体积如何计算？

答案：

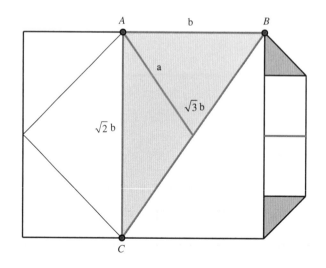

  既然一个菱形十二面体球的完整体由两套吉本魔方拼出，那么体积就等于吉本魔方体积的 2 倍。而单套吉本魔方体积相等于一个正方体，此正方体的棱长为吉本魔方零件中的直角边边长。由此，问题化为由已知的菱形十二面体球的边长 a 求得其每个菱形面的较短对角线 b。再次回顾由折纸步骤 12 产生的上图可知，直角三角形 ABC 的斜边 BC=2a= $\sqrt{3}$ b. 由此方程解得 b= $\dfrac{2a}{\sqrt{3}}$ = $\dfrac{2\sqrt{3}}{3}$ a. 故所求的菱形十二面体球的体积为：

V=2b³= $\dfrac{16\sqrt{3}}{9}$ a³。

接下去提出一个进阶的实际问题：制作一套吉本魔方可以将黏合的步骤省去吗？也就是说，可以纯粹用折纸的办法连续折叠 12 个吉本魔方零件吗？

这个问题的答案是肯定的。不过需要较为复杂的方法。在此提供折痕图和完成效果图，供愿意接受挑战的读者去探寻那个神秘的方法答案。折痕图和效果显示了 4 个零件的连续折纸。真正完成一个吉本魔方需要 3 倍的长度，首位的衔接依然需要黏合。

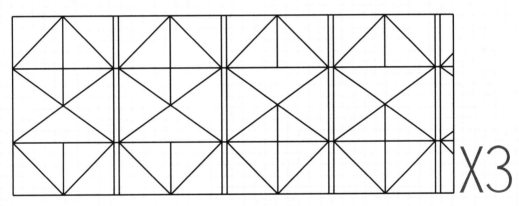

4 连吉本魔方零件折痕图

一张纸完成的吉本魔方

三明治板

在与科技密切相关的折纸设计中，三浦折叠法不得不提及。三浦折叠法因其成功的应用在太空卫星的太阳能帆板而广为人知。

三浦折叠法是日本人三浦公亮1985年的发明。该折法利用菱形的网格，能使一张平面材料有效地缩减所占据的空间，且收展自如。除了应用于卫星，它还应用在地图的折叠上。

基于三浦折叠法，日本人K. Suto等人近来又发明了一种三明治板材的折叠方法。这种由纸折成的板有3层的结构：上下覆膜层以及中间夹层。可以用于制造轻型板材。

由于三浦折叠法较为简单也容易获得其教程，此文仅介绍如何折出三明治板。

三明治板

折纸教程

材料与工具
一张 80 克 A4 纸，一把剪刀。

• 折纸步骤

三明治板折纸主要部分在于中间层。中间层完成图如下图。

折出这样的夹层仅需要一张 A4 纸。

A4 纸的尺寸是 297mm×210mm，长宽比是 $\sqrt{2}$ 与 1 的关系。

除了尺寸还有一个指标也很重要——厚度。通常 80 克的纸为好。

上图中的三明治板材在 A4 纸上面所需的折痕如下图。

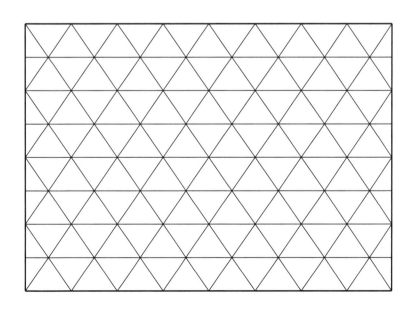

由于折痕的精度要求比较高，产生以上折痕的步骤需要略作说明。

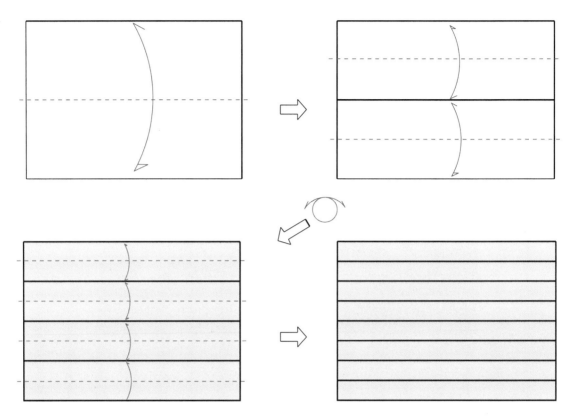

1 首先，对折以后再门折，翻面后对分每一份。沿着长边方向将纸面的宽边 8 等分。

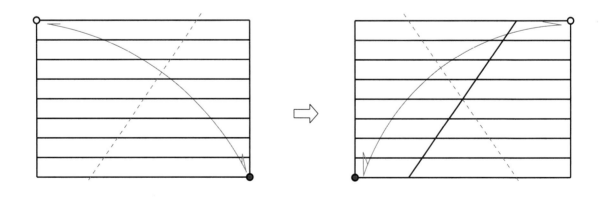

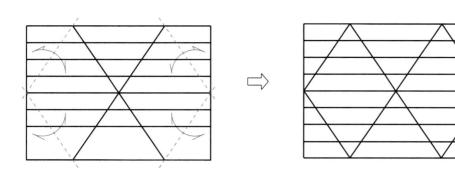

2 其次，分别对合两组对角，然后折叠四角，折叠产生∞形折痕。

注：先分别对折叠合两相对的角点产生两条斜向折痕，形成X形。再联接X的4个端点与邻近的边中点，形成∞形。

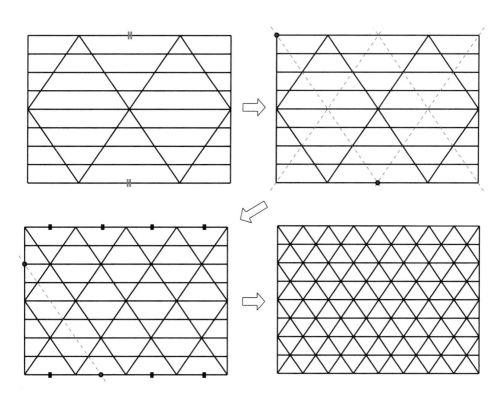

3 然后，先标记上下边中点，然后折出V形和倒V形，最后对折细化每对相邻的平行线。

4 这步无须图示，谨记反向折叠每道折痕使其变成双向折痕。共 29 道折痕。

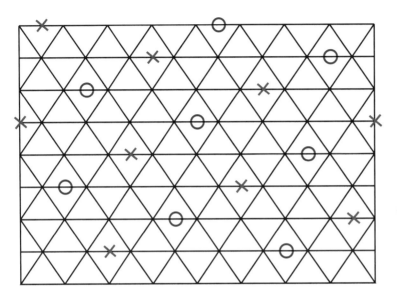

注：标法不唯一，但是模式只有一种，如左图。

5 在适当位置标记○和 × 符号。

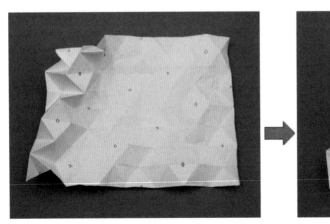
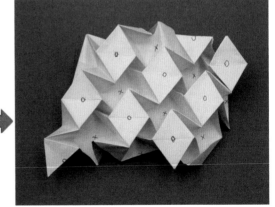

6 凸凹成形；依次让每排的○突起而让每排的 × 凹陷。

注：设法让标有○的菱形向上突出，标有 × 的菱形向下塌陷，收拢后这张 A4 纸就形成了双面菱形镶嵌的三明治板了。

手法提示：先使左边的 3 个〇所在菱形上凸，连接它们的折痕也呈现山形。接着将纸翻面，使 3 个 × 所在菱形向上突起，形成从另一侧看是凹陷的效果。再次翻面，重复之前的操作直至全部的标记图案满足要求。最后在每个角点汇聚处用胶固定，就形成刚性不可弯折的板材了。

三明治板的制作

数学内涵探究

现在我们来探讨一下三明治板的数学内涵。

● 问题 1

这是一个自然而然产生的问题，虽然最初的材料是一张规整的 A4 纸，但是完成的作品轮廓却不太美观。可以预见到如果将 A4 纸裁切成特定的不规则多边形，就可以产生规整的板材。假如需要得到 2×2 的菱形平行六面体板材。那么板材对应的 A4 纸的裁切是怎样的呢？

可以采用逆向工程法来解决这个问题。也就是用剪刀将作品不需要的部分修去，使得外观符合 2×2 菱形板材的要求，再打开修好的纸来看轮廓，就是需要的材料形状了。

答案如下图所示。

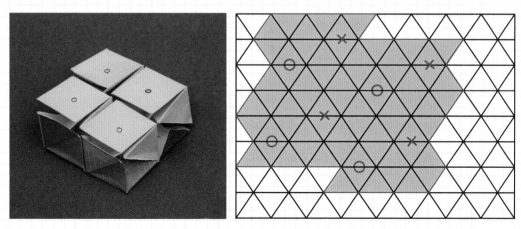

2×2 的菱形板材及其展开图

问题 2

本案中网格折痕图还有别的办法产生吗？

要回答这个问题，需要先指出一个事实，除去水平的折痕外，斜向的折痕斜率是 $\pm\sqrt{2}/2$。A4 纸本身形状蕴涵着这个斜率，所以它最方便用来产生折痕图。如果是方形的纸或其他形状的纸，就不可以用此方法了。

命题：方形的纸如何折出同一折痕图呢？如下图所示，折痕 AD 斜度为 $\dfrac{\sqrt{2}}{2}$。

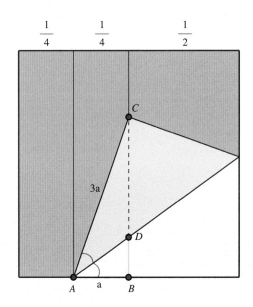

将右下角折到中线且折痕经过底边第一个四等分点

证明：设 AB=a，则 AC=3a，解直角三角形 ABC 的一条边 BC 的长度，得 $BC=2\sqrt{2}\,a$。由折纸可知折痕 AD 平分 $\angle BAC$，故由角平分线定理，AB：AC=BD：DC。$BD=\dfrac{1}{4}BC=\dfrac{\sqrt{2}}{2a}$。于是折痕 AD 的斜度为 $\dfrac{BD}{AB}=\dfrac{\sqrt{2}}{2}$。

有了一道折痕就不难通过平移以及反射的折法来产生全部的网格线了。

在科学馆里往往会看到下图这样的展品：一个两头尖的陀螺能在渐渐上升的一个 V 形轨道上逆势而上越滚越高。这不是什么魔术，完全是科学可以解释的现象。

这个展品看似很复杂，其实一张 A4 纸就可以搞定。

本文就来介绍如何用两张半圆形纸片完成这个作品，让读者清晰地了解藏在其中的科学道理。在制作过程中，还可以了解卡榫结构在此作品中的巧妙应用。文末还介绍双头尖陀螺如何玩以及其科学内涵的思考。

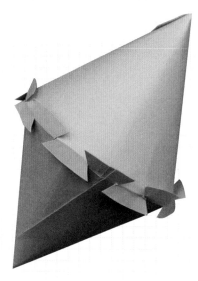

双头尖陀螺

折纸教程

• **材料与工具**

圆规、直尺、剪刀、木夹、铅笔、文件夹，一张 80 克 A4 纸。

● 折纸步骤

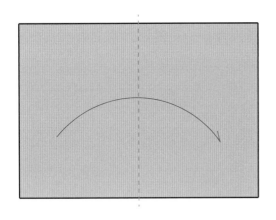

1 将 A4 纸对折后成为 A5 纸大小。

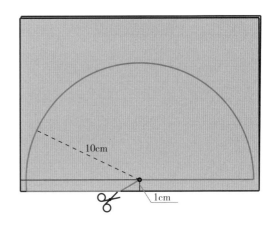

2 用圆规在距离折叠边 1cm 处取圆心，画半径 10cm 的半圆（实为大半圆，因为多了约 1cm 的弧线边），剪下此半圆形轮廓并保留 1cm 宽的黏合边。

注：必要时用尺来画出需要剪去的梯形轮廓。

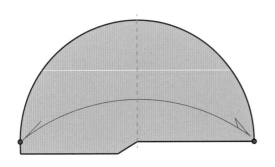

3 对折此半圆产生 π/2 折痕后打开纸面。

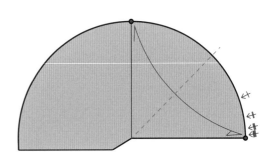

4 重复对折半圆的边缘与上一步产生的折痕线，直到第 6 次对折操作结束，产生 π/64 弧度角。

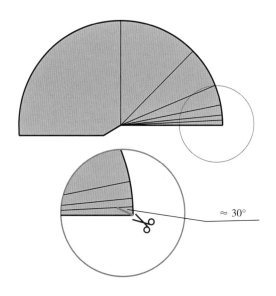

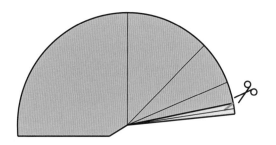

5 从纸片的右下尖端向临近折痕斜切一刀，切痕与半圆的直边呈 30° 角。

注：30° 角约略等于即可，切痕的末端刚好到达 π/64 折痕在线才是关键。

6 复折 π/32 弧度折痕线，上下两层对齐，在上层切开的同一位置剪开下层纸，复制切痕。

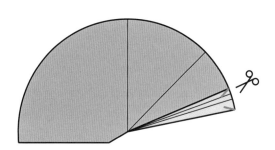

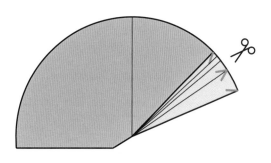

7 打开复折 π/16 弧度折痕线，上下两层对齐，在上层已切开的两处位置剪开下层纸，复制切痕。

8 打开复折 π/8 弧度折痕线，对齐上下两层，在上层已切开的 4 处位置剪开下层纸，复制切痕。

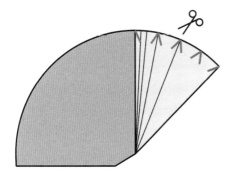

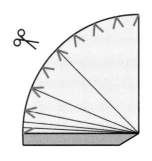

9 打开复折 π/4 弧度折痕线，对齐上下两层，在上层已切开的 8 处位置剪开下层纸，复制切痕。

10 打开复折 π/2 弧度折痕线，对齐上下两层，在上层已切开的 16 处位置剪开下层纸，复制切痕。

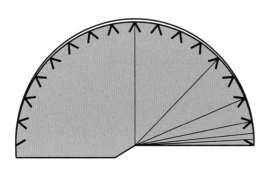

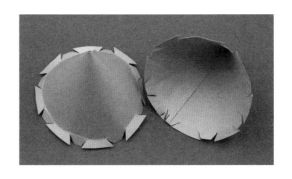

11 打开，与第二片纸片重叠，用木夹固定。将上层纸的所有剪口复制至上下两层。

12 将两片纸分别卷成圆锥并用胶水黏合两端，注意重叠直径的两端。

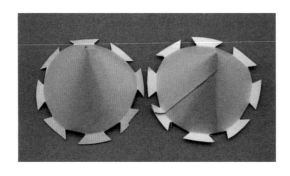

13 将每个锥体的边缘尖角向里折叠，类似梯形的部分向外折叠。

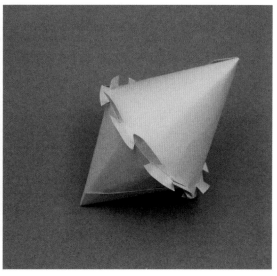

14 口对口错位牙齿迭合两个锥体，让牙齿互相穿过对方的缝隙咬合，形成稳定的结构。

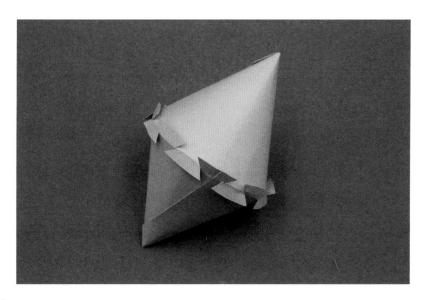

15 整理翘起的棱角，使其伏贴。一个双头尖陀螺完成了。

双头尖陀螺的制作

双头尖陀螺如何玩

1. 将一个塑料文件夹立着放置在水平的地板上，敞开一个角度如下图。上端放一根圆柱形的圆珠笔，观察它的运动情况。

想想看：为何它静止不动？

2. 将一个两头尖陀螺像搁笔那样架在文件夹顶端，观察它的运动情况。

想想看：为何它会朝着开口方向滚动？

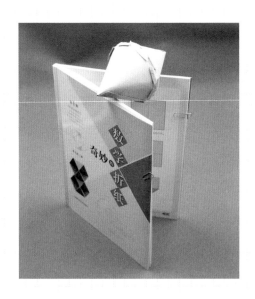

3. 垫高文件夹的开口端，重复做以上实验，想一想为什么两头尖陀螺往开口端滚动，圆珠笔往闭合端滚动？（如下图）

科学内涵探究

这个作品所呈现的现象可以用物理知识加数学测量来解释。我们知道，重心越低势能越小。水往低处流就是水在寻找势能更小的地方。既然陀螺往开口方向滚动，猜想一定是那里的势能更小。

为了验证这个猜想，可以自制一个 V 形立柱来测量陀螺在开始和结束两处重心的位置。由于陀螺是一个旋转对称的几何体，重心位于旋转轴（两个尖端的联线）上。在 V 形立柱与陀螺尖端对齐的位置分别做两次记号，你会发现第二次的位置的确是更低些。

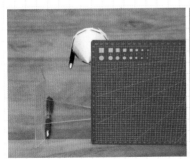 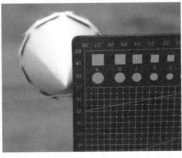 

抛向数学的绣球

在日本的某个折纸博客网里有人研究了菱形三十面体的组合折纸，如下图。

菱形三十面体本身已经是一个非常接近球体的结构，本文教大家制作的是真正的球结构。为此将采用圆形纸片制作零件，并且完成后的结构可以像积木那样拆开来重组，以便让 30 个独立的锥形零件的颜色搭配出更对称的绣球。

菱形三十面体

折纸教程

材料与工具

3 种颜色的 120 克彩色 A4 纸，每色各 1 张，曲别针 120 枚。圆规、剪刀、胶水、小镊子。

• 折纸步骤

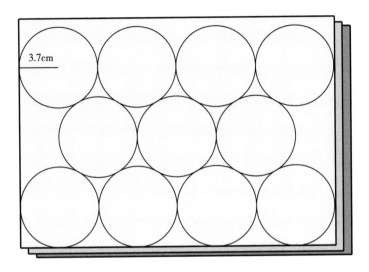

3.7cm

1 如上图，在每张A4纸上用圆规画11个半径3.7 cm的圆并用剪刀剪下，备齐30个圆。

注：① 作圆前先调节圆规两脚之间的距离并在直尺上量取3.7cm，固定半径画出所有的圆。

② 利用折纸找到圆心位置：折左上角的角分线，圆规的尖脚沿着这条折痕线渐渐远离角的顶点，当另一脚刚好可以在纸面上画出完整的圆时，尖角的位置即为圆心。

③ 有一个圆作为备用的圆。

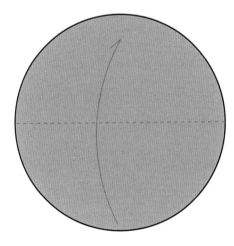

2 对折一个圆为半圆。

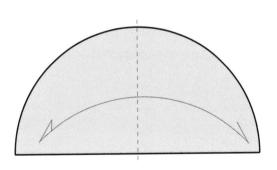

3 在折痕处对折半圆标记圆心，打开至半圆。

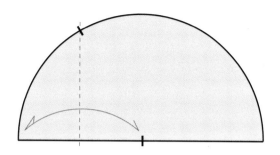

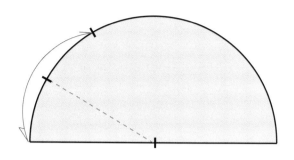

4　将半圆下方折痕边左端折向圆心，标记圆折痕在周上所经过点，打开。

5　将直边的左端与标记点对折后打开，记录折痕在圆弧边缘的位置。

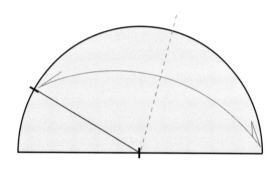

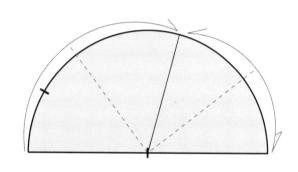

6　将直边的右端点与步骤 5 标记的点对折，产生清晰折痕后打开。

7　将直边从圆心处分别折向步骤 6 形成的折痕，产生折痕后仅打开右边。

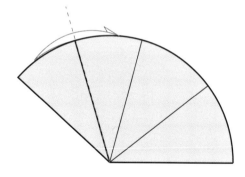

8　将上面的双层沿着标记点偏离约 2° 的半径折叠（如上图）。

9　将下层纸沿着步骤 8 产生的折痕反向折到对面。完成后打开至半圆。

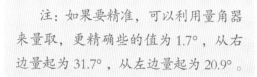

　　注：如果要精准，可以利用量角器来量取，更精确些的值为 1.7°，从右边量起为 31.7°，从左边量起为 20.9°。

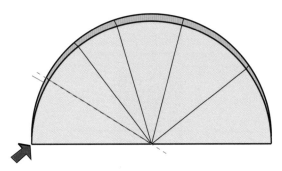

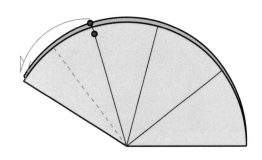

10 将半圆的左端沿着折痕线向中间推入压平。

11 将纸面第二条折痕线与前方边缘线对折，保持第一条折痕线为谷线。背面同此。

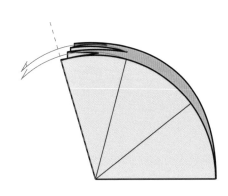

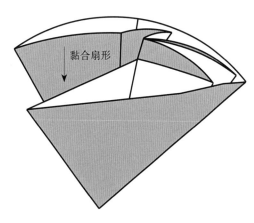

黏合扇形

12 将纸面上方第一条折痕线沿着前方边缘向前折叠，背面同此。

13 用胶水将开口端相对的两个扇形面黏合，待干后操作下一步。

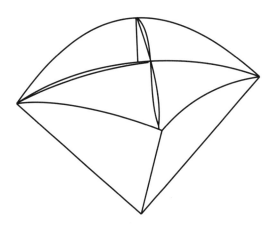

14 挤压两边使得结构膨胀成立体，整理内部的四瓣花蕊，使其垂直十字交叉，并且尖端抵着球面菱形4个角，完成一个零件。重复制作完成全部的30个零件。

绣球的制作

15 组装球体。球面菱形的锐角每 5 个一组拼拢，钝角每 3 个一组拼拢，贴合的面用曲别针固定，直到完成整个球面。完成实物如上图。

如何玩

本作品除了当一个工艺摆设外，还可以当积木来玩。主要体会如何拼组出同色不相邻的球体，以及讨论这样的球体有几种拼组方法。

还可以在每个零件的四侧黏上磁铁片或尼龙搭扣，这样就可以更方便重组。

绣球的拼组

数学内涵探究

第一个问题是如何拼组一个均匀着色的球以及有几种方法。所谓均匀着色是指组合出的球符合"同色不相邻，相邻不同色"原则。

一个可行的方法是：

1．分别将 3 种颜色记为 1 号色、2 号色和 3 号色。先如下图 1 左那样拼出顺时针读作 1-2-1-2-3（或如下图 1 右那样 2-1-2-1-3）的五角星。

2．然后按照"同色不相邻，相邻不同色"的原则，在五角星的 5 个凹陷处嵌入 3、3、3、1、2 的 5 个零件，产生由 10 个零件组成的结构，如图 2。

3．接下去在外围 2 号色零件裸露的外侧安排 1、3 的任何一种顺序：1 左 3 右或 3 左 1 右。

4．继续按照"同色不相邻，相邻不同色"的原则可一路顺利地完成剩余的拼组（每步都唯一确定的）。

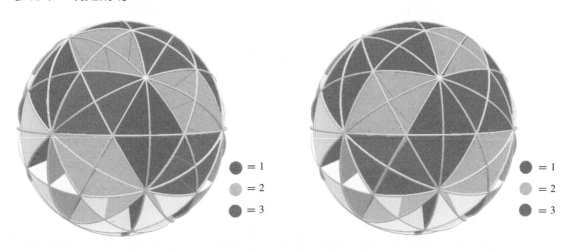

图 1　1-2-1-2-3 开局（左）和 2-1-2-1-3 开局（右）

任何一个均匀涂色的绣球上一定存在两种开局之一。所以由以上解题顺序可见，总共只有 4 种解。

第二个要讨论的问题是，为何用一片圆形纸片可刚好折出一个球面菱形组件？

这个问题可以在完成的作品上找到答案。

观察后发现，拼出绣球的零件其两条对角线是双层结构，4 条边是单层结构。记较长对角线的弧长为 2a，记较短对角线的弧长为 2b，记四边弧长为 c。只要说明 4a+4b+4c= 球面大圆周长即可。沿着球面上的一个大圆走一圈，确实发现 8 段弧线依次是：2a、c、2b、c、2a、c、2b、c。这一圈的周长正好就是 4a+4b+4c。

第三个问题：本文开头的折法为何是正确的？

我们需要说明步骤 8 的注记中 20.9° 以及 31.7° 的由来。

为此，首先为方便起见需要把球面还原为文首的菱形三十面体（这不影响每个面心棱锥的侧面在球心处顶角的值）。

　　其次要了解一个事实：菱形三十面体的每个菱形长短对角线之比为 $\varphi:1$，其中 φ 为黄金比，约等于 1.618（红线与绿线平移重合，黄线与黑线为对应边）。

　　最后我们切取 1/4 个菱形四棱锥，由前讨论其侧面角之和为 90°。将侧面沿着直角二面角展开得到如图 3 所示展开图。

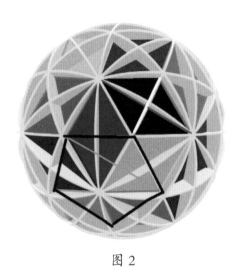

图 2

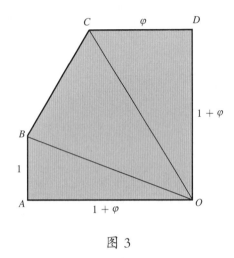

图 3

　　由此可以得到三个侧面的球形角分别为：

$$\operatorname{atan}\left(\frac{1}{1+\varphi}\right),\ \operatorname{atan}\left(\frac{\varphi}{1+\varphi}\right),\ 90°-\operatorname{atan}\left(\frac{1}{1+\varphi}\right)-\operatorname{atan}\left(\frac{\varphi}{1+\varphi}\right)。$$

　　这就解释了文中几个角度参考值的由来。

　　注：$\operatorname{atan}\left(\dfrac{1}{1+\varphi}\right)\approx 20.9°$，$\operatorname{atan}\left(\dfrac{\varphi}{1+\varphi}\right)\approx 31.7°$，$90°-\operatorname{atan}\left(\dfrac{1}{1+\varphi}\right)$

$-\operatorname{atan}\left(\dfrac{\varphi}{1+\varphi}\right)\approx 37.4°$。

　　本文零件折纸中先对折圆纸片得到平角，再折叠产生了 60° 角，进而平分为 30° 角，两次对折 30° 角的邻补角得到了 37.5° 角，与之相差无几。